Wibke Baack

Mathematisches Modellieren in der Grundschule

Darstellung von Modellierungskompetenzen an ausgewählten realitätsbezogenen Aufgabenstellungen

Baack, Wibke: Mathematisches Modellieren in der Grundschule: Darstellung von Modellierungskompetenzen an ausgewählten realitätsbezogenen Aufgabenstellungen. Hamburg, Bachelor + Master Publishing 2014

Originaltitel der Abschlussarbeit: Mathematisches Modellieren: Analyse von Modellierungskompetenzen bei Grundschülern am Beispiel ausgewählter realitätsbezogener Aufgabenstellungen

Buch-ISBN: 978-3-95820-174-3
PDF-eBook-ISBN: 978-3-95820-674-8
Druck/Herstellung: Bachelor + Master Publishing, Hamburg, 2014
Covermotiv: © Kobes · Fotolia.com
Zugl. Freie Universität Berlin, Berlin, Deutschland, Staatsexamensarbeit, 2014

Bibliografische Information der Deutschen Nationalbibliothek:
Die Deutsche Nationalbibliothek verzeichnet diese Publikation in der Deutschen Nationalbibliografie; detaillierte bibliografische Daten sind im Internet über http://dnb.d-nb.de abrufbar.

© Bachelor + Master Publishing, Imprint der Diplomica Verlag GmbH
Hermannstal 119k, 22119 Hamburg
http://www.diplomica-verlag.de, Hamburg 2014
Printed in Germany

„Man benötigt Mathematik um als mündiger Bürger die Welt zu verstehen. […] Mathematisches Modellieren […] kann […] helfen, realistische Probleme zu lösen und die Welt besser zu verstehen."[1]

Mathematisches Modellieren findet überall dort statt, wo natürliche Phänomene mit Hilfe der Mathematik erklärt werden, wo Vorhersagen für Naturereignisse, Bevölkerungswachstum oder Wahlprognosen getroffen werden etc. Die Wichtigkeit des mathematischen Modellierens liegt auf der Hand und das nicht nur für Wissenschaftler und Gelehrte. Mathematisches Modellieren findet alltäglich statt: beim Kalkulieren monatlicher Ausgaben, bei der Planung eines Festes oder beim Berechnen der Fahrzeit zum Urlaubsziel etc.

Seit den Beschlüssen der Kultusministerkonferenz (2003) über Bildungs-standards für den mittleren Schulabschluss gewinnt das mathematische Modellieren auch im Mathematikunterricht an Bedeutung. Neben dem mathematischen Argumentieren, dem mathematischen Lösen von Problemen, dem Verwenden mathematischer Darstellungen, dem symbolischen, formalen und technischen Umgehen mit Mathematik sowie dem mathematischen Kommunizieren stellt das mathematische Modellieren eine der insgesamt sechs zentralen Kompetenzen dar, die von der KMK 2003 als Kern der Standards für den Mathematikunterricht festgelegt wurden.[2]

Das mathematische Modellieren bietet die Chance, das Fach Mathematik durch die Behandlung realitätsbezogener Aufgabenstellungen für Schüler attraktiver zu gestalten, weil sie einen persönlichen Nutzen beim Lösen lebensnaher Aufgaben mit Hilfe mathematischer Verfahren erleben können.

---

[1] Maaß, Katja: Mathematisches Modellieren, Aufgaben für die Sekundarstufe 1. Berlin 2007, S.7 (im Folgenden: Maaß, 2007)
[2] vgl. http:// www.kmk.org/schul/Bildungsstandards/Mathematik_MSA_BS_04-12-2003.pdf, S.6-8 ; Blum, Werner / Drüke-Noe, Christina / Hartung, Ralph / Köller, Olaf (Hrsg.):Bildungsstandards Mathematik: konkret, Sekundarstufe 1: Aufgabenbeispiele, Unterrichtsanregungen, Fortbildungsideen. Berlin 2006, S.19-20 (im Folgenden: Blum / Drüke-Noe / Hartung / Köller, 2006)

Angesichts der Tatsache, dass Schüler[3] bei der Modellierung auf bekannte mathematische Verfahren zurückgreifen und Grundvorstellungen zu Größen besitzen müssen[4], befürchte ich jedoch, entgegen der Äußerungen einiger Autoren wie Peter-Koop[5], dass leistungsschwache Schüler größere Schwierigkeiten haben werden als die leistungsstärkeren.

Die Untersuchung wird deshalb schwerpunktmäßig auf die Klärung der folgenden Fragen angelegt sein:

1. Lassen sich einschlägige Unterschiede bezüglich der Modellierungs-kompetenzen zwischen Schülern verschiedener Leistungsniveaus feststellen?

2. Gibt es Teilprozesse innerhalb des mathematischen Modellierens, die von weitgehend allen Schülern nur schwer oder gar nicht zu bewältigen sind?

---

[3] Wenn im Text von Schülern, Grundschülern etc. die Rede ist, so sind stets auch Schülerinnen, Grundschülerinnen etc. mit eingeschlossen.
[4] vgl. Dobner, Hans-Jochen: Didaktik des mathematischen Modellierens. In: Sache-Wort-Zahl, März 2004, S.50 (im Folgenden: Dobner, 2004)
[5] vgl. Peter-Koop, Andrea: Mathematische Modellbildungsprozesse von Grundschulkindern im Kontext offener Sachaufgaben. Handout zum Vortrag von Dr. Peter-Koop an der Humboldt Berlin am 21.05.2007, S.13 (im Folgenden: Peter-Koop, 2007)

Der Begriff des *mathematischen Modellierens* wird auf zweierlei Weisen verwendet. Es gibt eine allgemeine Auffassung, in der das mathematische Modellieren den Prozess des Lösens einer realitätsbezogenen Problemstellung durch den Einsatz mathematischer Methoden darstellt.[6] Hier wird gewissermaßen der gesamte Modellierungskreislauf dem mathematischen Modellieren gleichgesetzt. Demgegenüber gibt es eine engere Auffassung, in der das mathematische Modellieren nur bestimmte Teilprozesse im Modellierungskreislauf beinhaltet (vgl. 2.2).

In beiden Fällen ist das mathematische Modellieren von dem innermathematischen Modellieren abzugrenzen, bei dem die Problemstellung nicht realitätsbezogen, sondern innermathematisch ist.[7] Wird der Begriff *Modellieren* verwendet, so ist das mathematische Modellieren gemeint, je nach Zusammenhang entweder gemäß der engeren oder der allgemeinen Auffassung.

Bei jeder Form von Modellierung – innermathematisch oder mathematisch – spielt das Bilden von Modellen eine Schlüsselrolle.

2.1 MODELLE

Der Begriff *Modell* entstammt dem lateinischen Wort *modulus*, das übersetzt *Maß, Form* oder *Muster* bedeutet.[8] In der Wissenschaft und Technik sind Modelle „Darstellungen, die nur die als wichtig angesehenen Eigenschaften des Vorbildes ausdrücken"[9]. Modelle reduzieren die Realität durch Weglassen von unrelevanten Teilaspekten und sind damit Abstraktionen, die helfen sollen, das zu Modellierende zu verstehen.[10]

---

[6] vgl. Blum / Drüke-Noe / Hartung / Köller, 2006, S.40
[7] vgl. Blum / Drüke-Noe / Hartung / Köller, 2006, S.41
[8] vgl. Drosdowski, Günther / Köster, Rudolf / Müller, Wolfgang / Scholze–Stubenrecht, Werner (Hrsg.): Duden Etymologie – Herkunftswörterbuch der deutschen Sprache. Mannheim 1963, S.446
[9] dtv – Lexikon Band 12 (Med-Nen). München 1992, S.152
[10] vgl. http://www.ib.hu-berlin.de/~wumsta/infopub/semiothes/lexicon/default/db8.html; Maaß, 2007, S.13; Greefrath, Gilbert: Modellieren lernen mit offenen realitätsnahen Aufgaben. Köln 2007, S.18-19 (im Folgenden: Greefrath, 2007)

2.1.1 FUNKTIONEN VON MODELLEN

Modelle können unterschiedlichen Zwecken dienen. Sie können einerseits reale Phänomene, beispielsweise die Planetenbewegung oder die Muskelkontraktion beschreiben, andererseits zur Umsetzung gewisser Intentionen bezüglich realer Sachverhalte wie zur Planung von Brückenbauten oder von Rentenauszahlungen eingesetzt werden.[11] Dementsprechend werden *deskriptive Modelle* von *normativen Modellen* unterschieden. Deskriptive Modelle sind vereinfachte und idealisierte Nachahmungen der Realität, wie es in einem Modell von unserem Sonnensystem oder von einer Muskelfaser der Fall ist. Was berücksichtigt und was unterdrückt wird, entscheidet der Konstrukteur des jeweiligen Modells, so dass deskriptive Modelle nicht nur selektiv, sondern insbesondere auch subjektiv sind.[12]

Normative Modelle, beispielsweise Baupläne oder Modelle zur Privatrentenauszahlung, sind hingegen gewissermaßen Muster zur Realisierung eines Vorhabens.[13]

Nicht jedes Modell lässt sich dabei eindeutig als deskriptiv oder normativ deklarieren. Vielfach treten Mischformen auf, wie Greefrath anschaulich am Beispiel eines Modells zum freien Fall einer Stahlkugel verdeutlicht.[14]

Dienen deskriptive Modelle nicht nur zur Beschreibung der Realität, sondern zusätzlich zur Erklärung der realen Situation – beispielsweise lässt sich anhand eines Modells einer Muskelfaser die Muskelkontraktion erklären – nennt Greefrath sie *explikative Modelle.* Als *prognostische Modelle* bezeichnet er deskriptive Modelle, die außerdem Vorhersagen ermöglichen – beispielsweise ein meteorologisches Modell, aus dem Vorhersagen zum Wetter der nächsten Tage gezogen werden können.[15]

2.2 MODELLIERUNGSKREISLAUF

In der Literatur findet man verschiedene Darstellungen des Modellierungsprozesses. Sie unterscheiden sich in der Detailliertheit, das heißt in der

---

[11] vgl. Blum, Werner / Leiß, Dominik: Beschreibung zentraler mathematischer Kompetenzen. In: Blum / Drüke-Noe / Hartung / Köller, 2006, S.4 (im Folgenden: Blum / Leiß, 2006)
[12] vgl. Winter, Heinrich: Modelle als Konstrukte zwischen lebensweltlichen Situationen und arithmetischen Begriffen. In: Grundschule, Jg.1994, Heft 3, S.11
[13] vgl. Medwedew, Olesja: Förderung der Modellierungskompetenzen im Mathematikunterricht - dargestellt am Beispiel der Unterrichtseinheit „Fermiaufgaben in Beziehung zu Größenbereichen" – in einer 3.Klasse. Verden 1.08.2006, S.8 (im Folgenden: Medewedew, 2006)
[14] vgl. Greefrath, 2007, S.20-22
[15] vgl. Greefrath, 2007, S.20-21

Anzahl der formulierten Teilprozesse und zum Teil geringfügig in den Begrifflichkeiten.[16]

Den differenziertesten Modellierungskreislauf liefert Blum. Seine genaue Darlegung eines idealisierten Modellierungskreislaufs schafft eine optimale Voraussetzung, die Modellierungsprozesse von Schülern zu initiieren und zu analysieren.

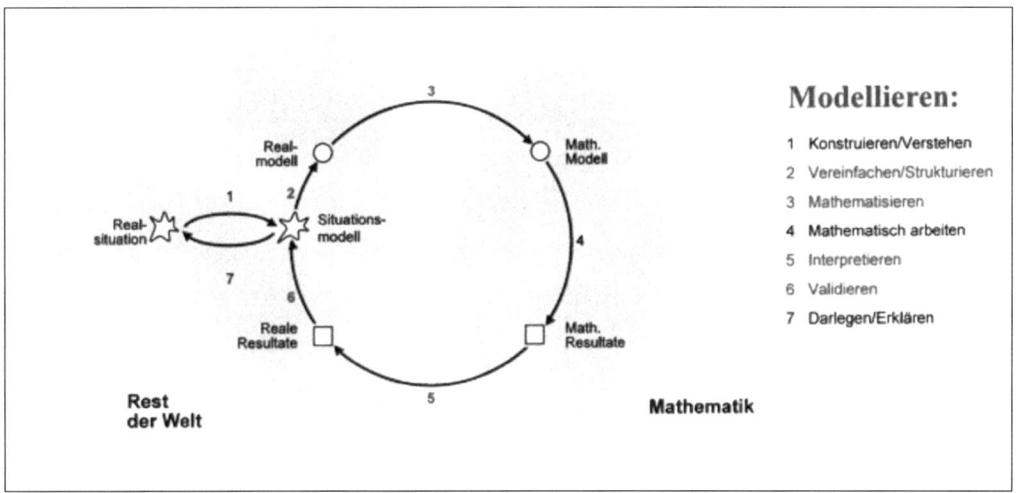

Abb.1 Modellierungskreislauf nach Blum
(vgl.http://schulamt-gross-gerau.bildung.hessen.de/fachberatung/ISTRONTAGUNG_2006/
Hauptvortrag1.pdf, S.3, im Folgenden: Blum, ISTRON-Tagung 2006)

In allen Darstellungen von mathematischen Modellierungsprozessen wird gleichsam zwischen Realität (Rest der Welt) und Mathematik unterschieden. Verbindungsprozesse zwischen beiden „Welten" stellen dabei das Mathematisieren (von der Realität in die Mathematik) und das Interpretieren (von der Mathematik in die Realität) dar.[17]

Ausgangspunkt in Blums Darstellung des Modellierungsprozesses ist eine komplexe *Realsituation*, in die eine realitätsbezogene Problemstellung eingebettet ist. Aus dieser komplexen Realsituation wird nun zunehmend das realitätsbezogene Problem von unrelevanten Daten entkleidet, strukturiert und schließlich mathematisiert, um es dann mit mathematischen Mitteln zu lösen.

Beim *Verstehen* der Realsituation wird dabei ein vereinfachtes Abbild *konstruiert*, das Blum *Situationsmodell* nennt. Das Verstehen setzt neben allgemeinem, unspezifischem Alltagswissen zur dargelegten Realsituation

---

[16] vgl. http://deposit.ddb.de/cgi-bin/ dokserv?idn=977903117&dok_var=d1&dok_ext=pdf& filename=977903117.pdf, S.11; Büchter / Leuders: Mathematikaufgaben selbst entwickeln, lernen fördern – Leistung überprüfen, Berlin 2005, S.19-21 (im Folgenden: Büchter / Leuders, 2005); Maaß, 2007, S.13
[17] vgl. Büchter / Leuders, 2005, S.21; Greefrath, 2007, S.15-16; Maaß, 2007, S.13

vor allem sprachliche Kompetenzen voraus[18], weshalb dieser Teilprozess im Modellierungskreislauf nach Blum und Leiß auch keine Modellierungskompetenz, sondern eine kommunikative Kompetenz darstellt. Beim Durchlaufen des Modellierungskreislaufs greifen folglich mehr als nur Modellierungskompetenzen.[19] Die Vernetzung der insgesamt sechs zentralen mathematischen Kompetenzen, die sowohl das mathematische Modellieren als auch das mathematische Kommunizieren beinhalten[20], wird hier im Besonderen deutlich.

Durch die *Vereinfachung* und *Strukturierung* des Situationsmodells entsteht ein *Realmodell* (vgl. 2.2.1). Dazu werden einerseits weiterhin relevante Daten aus dem Situationsmodell extrahiert, andererseits fehlende Daten, die zum Lösen der Problemstellung notwendig sind, durch Messen, Schätzen und Recherchieren erhoben. Alle wichtigen Daten werden anschließend zusammenhängend im Realmodell dargestellt.

Das Realmodell verkörpert zwar eine Abstraktion der realen Situation, trägt aber keinen mathematischen Charakter. Durch *Mathematisieren* des Realmodells, das heißt dem Übersetzen der Daten des Realmodells in die Sprache der Mathematik, entsteht das *mathematische Modell* (vgl. 2.2.1). Dazu wird das mathematisch Relevante von dem Unrelevanten getrennt und es werden gezielt Begriffe und Regeln auf einzelne Zahlen und Größen angewandt.[21]

Während Vereinfachen, Strukturieren und Mathematisieren laut Blum und Leiß Modellierungskompetenzen darstellen, gilt die *Arbeit innerhalb der Mathematik* – das Lösen der nunmehr mathematischen Problemstellung durch mathematische Mittel – nicht als Modellierungskompetenz.[22] Die *mathematischen Resultate* werden anschließend durch *Interpretieren* zurück in die Alltagssprache übersetzt. Die Bearbeitung des mathematischen Modells führt zunächst zur Lösung des mathematischen Problems. Möglicherweise ist das reale Problem weiterhin ungelöst, weshalb die *realen Resultate* – die interpretierten mathematischen Resultate – am Situationsmodell *validiert* werden müssen. In dieser Auswertung wird über die situative Bedeutung des Ergebnisses, über deren Genauigkeit und Plausibilität nachgedacht. Es wird entschieden, ob das Modellieren erfolg-

---

[18] vgl. Winter, Heinrich: Sachrechnen in der Grundschule. Bielefeld 1985, S.7 und S.32 (im Folgenden: Winter, 1985)
[19] vgl. Blum / Leiß, 2006, S.41
[20] vgl. Blum, Werner: Einführung. in: Blum / Drüke-Noe / Hartung / Köller, 2006, S.20 (im Folgenden: Blum, 2006)
[21] vgl. Medwedew, 2006, S.9
[22] vgl. Blum / Leiß, 2006, S.41

reich war, also die Modellierungsergebnisse sinnvoll mit der realitäts-bezogenen Problemstellung verbunden werden können. Falls sich die Modellierung jedoch als nicht tragfähig erweist, muss das Modell ver-bessert werden. Ein erneutes Durchlaufen des Modellierungsprozesses beziehungsweise von Teilprozessen ist dann solange vonnöten bis ein plausibles, reales Resultat ermittelt wird.

Die engere Auffassung des mathematischen Modellierens von Blum und Leiß umfasst somit nur die vier Teilprozesse: (2) das *Vereinfachen* und *Strukturieren* des Situationsmodells, (3) das *Mathematisieren* des Real-modells, (5) das *Interpretieren* der mathematischen Resultate und (6) das *Validieren* der realen Resultate.[23]

Vor allem Blum und Leiß sowie Greefrath und Maaß verweisen aus-drücklich auf die Idealisierung des Modellierungsprozesses.[24] Es ist eben nur ein „Modell des Modellbildens"[25], wie Greefrath betont. Echte Modell-bildungsprozesse laufen in der Regel weder so geordnet und linear ab noch lassen sich alle Zwischenschritte wiedererkennen.[26]
Modellbildungsprozesse können sowohl bewusst als auch unbewusst statt-finden. Greefrath unterscheidet daher zwischen einer engen (bewussten) und einer allgemeinen (unbewussten) Auffassung zum Modellbildungs-prozess. Die enge Auffassung verlangt dabei eine explizite Thematisierung der Teilprozesse des Modellierens. Da dies eine höhere kognitive Anfor-derung an die Schüler darstellt, ist in der Grundschule die allgemeine Auf-fassung vorherrschend.

2.2.1 REALMODELL UND MATHEMATISCHES MODELL

Realmodell und mathematisches Modell sind Vereinfachungen einer komplexen Realsituation und können gleichwertige Informationen beinhalten. Sie unterscheiden sich in der „Sprache", in der sie verfasst sind: das Realmodell in der Sprache des Alltags, das mathematische Modell in der Sprache der Mathematik. Mathematische Modelle können viele Gestalten annehmen: Zahlen, Rechenausdrücke, geometrische Figuren,

---

[23] vgl. Blum / Leiß, 2006, S.41
[24] vgl. Blum / Leiß, 2006, S.41; Greefrath, 2007, S.15-16; Maaß, 2007, S.13
[25] Greefrath, 2007, S.15
[26] vgl. Greefrath, 2007, S.16

Funktionen, Graphen etc.[27] In der Grundschule betreffen mathematische Modelle in erster Linie Gleichungen mit natürlichen Zahlen und bekannte gängige Größen wie Längen, Zeitspannen, Geldwerte etc.[28]

Obwohl theoretisch eine scharfe Grenze zwischen Realmodell und mathematischem Modell gezogen werden kann, sind in der Praxis die Übergänge fließend. Nicht immer findet die Bildung beider Modelle statt; besonders bei relativ leichten Aufgaben führen Vereinfachungen oftmals sofort zum mathematischen Modell[29] (vgl. 3.3.2).

2.2.2 SCHWIERIGKEITEN UND FEHLER BEIM MATHEMATISCHEN MODELLIEREN

Zwar stellen alle Schritte des Modellierungskreislaufes potenzielle Hürden dar, jedoch wird das Finden eines geeigneten mathematischen Modells als die größte Schwierigkeit erachtet, weil hierbei im Besonderen die mathematische Kreativität gefordert ist.[30] Dabei ist die kreative Leistung stark abhängig von dem Beherrschen mathematischer Grundverfahren.[31]

Fehler können dennoch bei allen Teilschritten des Modellierungsprozesses auftreten. Maaß konkretisiert einzelne Fehlerarten durch jeweilige Symptome:

- Realmodelle können durch falsche oder zu grobe Vereinfachungen fehlerhaft sein.
- Beim Aufstellen des mathematischen Modells können falsche Algorithmen oder inadäquate mathematische Schreibweisen verwendet werden.
- Das Bearbeiten des mathematischen Modells wird fehlerhaft, falls Rechenfehler entstehen oder die Bearbeitung vorzeitig abgebrochen wird.
- Eine Interpretation der mathematischen Resultate kann entweder falsch sein oder gänzlich fehlen.

---

[27] vgl. Büchter / Leuders, 2005, S.20
[28] vgl. Peter-Koop, Andrea: „Wie viele Autos stehen in einem 3-km-Stau?" – Modellbildungsprozesse beim Bearbeiten von Fermi-Problemen in Kleingruppen. In: Ruwisch, Silke / Peter-Koop, Andrea: Gute Aufgaben im Mathematikunterricht der Grundschule, Offenburg 2003, S.112 (im Folgenden: Peter-Koop, 2003)
[29] vgl. Maaß, 2007, S.14
[30] vgl. Peter-Koop, 2003, S.113; Winter, 1994, S.11
[31] vgl. Medwedew, 2006, S.10

- Der Teilprozess des Validierens kann misslingen, weil eine kritische Reflexion fehlt, sie zu oberflächlich ist oder Unzulänglichkeiten eines Modells zwar erkannt, aber nicht verbessert werden.

- Fehler, die den gesamten Modellierungsprozess betreffen, entstehen nicht nur, wenn die ganze Modellierung missglückt, sondern auch, falls die Darstellung so knapp gehalten ist, dass wesentliche Argumentationen fehlen.[32]

---

[32] vgl. Maaß, 2007, S.33-37

Blum definiert Modellierungsaufgaben als realitätsbezogene Aufgaben mit substanziellen Modellierungsanforderungen.[33] Weil diese aber nichts anderes als eine bestimmte Gattung von Sachaufgaben sind, bezeichnet der Begriff *Modellierungsaufgabe* eigentlich nichts Neues, es handelt sich um spezielle *Sachaufgaben*.[34]

3.1 SACHAUFGABENTYPEN ZUR ABGRENZUNG VON MODELLIERUNGSAUFGABEN

Sachaufgaben sind per se *realitätsbezogen*, dennoch eignen sich nicht alle Sachaufgaben als Modellierungsaufgaben. Welche Sachaufgaben einen selbstständigen Modellierungsprozess von den Schülern fordern, wird anhand Bescherers Darlegung von Sachaufgabentypen deutlich.

Anlehnend an Winters Ausführungen zu den Funktionen und Einsatz-möglichkeiten von Sachaufgaben, unterscheidet Bescherer vier Sach-aufgabentypen.[35] Weil der vierte Typ durch besondere inhaltliche Schwer-punktsetzung nur ein Sonderfall des dritten Typs (Sachprobleme) ist, beschränke ich meine Darstellung auf die folgenden drei Arten von Sach-aufgaben: *eingekleidete Aufgaben, Textaufgaben und Sachprobleme.*

„ *«Wenn Lisa 7 Äpfel hat und Anton hat 9, wie viele Äpfel haben sie zusammen?»* *«Ja, sag es, Thomas», fiel Pippi ein. «Und dann kannst du mir gleich auch noch sagen, warum Lisa Bauchschmerzen kriegt und Anton noch mehr Bauch-schmerzen und wessen Schuld das ist und wo sie die Äpfel geklaut haben.»* "[36]

Hierbei handelt es sich um eine typische e*ingekleidete Aufgabe,* die Pippi Langstrumpfs Lehrerin stellt. Doch Pippi unterläuft mit ihrem echten Interesse an der Sachsituation die didaktische Absicht ihrer Lehrerin: Die Aufgabe sollte als Rechenübung fungieren, die vermeintlich reale Situation ist unerheblich, sie dient als bildliche Ausschmückung. Der Sach-zusammenhang ist nebensächlich und austauschbar, die sachliche Ver-kleidung soll das Üben lediglich farbiger und abwechslungsreicher

---

[33] vgl. Blum, ISTRON-Tagung 2006, S.8
[34] vgl. Büchter / Leuders, 2005, S.27
[35] vgl. http://www.math.uni-augsburg.de/prof/dida/lehre/ws0607/didazahlensystem/Folien/ Folien11.pdf, S.3 (im Folgenden: Bescherer, 2006)
[36] Lindgreen, Astrid: Pippi Langstrumpf. Hamburg 1986, S.66

gestalten.[37] Oftmals benutzt der Aufgabenkonstrukteur sogar eindeutige sprachliche Hinweise, die bestimmte Rechenverfahren nahelegen sollen.[38] Da die Entschlüsselung des Aufgabentextes keine ernsthafte Auseinandersetzung mit der Situation beinhaltet, ist eine vernachlässigte Beziehung zwischen der Sachsituation und der Mathematik die Folge.[39] Sachrechnen nur mit eingekleideten Aufgaben würde laut Winter zum „reproduktiven Einübungsrechnen"[40] degradieren.

Textaufgaben sind in ihrem Aufbau zwar komplexer als eingekleidete Aufgaben, aber weiterhin steht der Sachzusammenhang im Hintergrund. Die Aufgabenstellung erscheint künstlich, weil die realitätsbezogene Fragestellung nicht authentisch dargelegt ist.[41]

„Trotz intensiven Putzens nach dem Abendessen ist auf einem Backenzahn ein Bakterium übrig geblieben. Dieses vermehre sich so, dass sich die Anzahl der Bakterien nach einer Stunde verdoppelt hat.

> *a) Wie viele Bakterien tummeln sich nach 2; 4; 6; 12 Stunden auf dem Backenzahn?*
>
> *b) Wie viele Bakterien wären es, wenn die betreffende Person die Ratschläge des Zahnarztes vergäße und die Zähne erst am nächsten Abend, nach 24 Stunden wieder putzte und die Vermehrungsrate sich nicht änderte?*
>
> *c) Welche Funktion beschreibt das Wachstum der Bakterien?"[42]*

Diese Textaufgabe wurde als eine Übung zur exponentiellen Wachstumsfunktion konzipiert und zielt nicht auf Erkenntnisse zur Zahnhygiene ab, weshalb keine echte Auseinandersetzung mit dem realen Sachverhalt stattfindet.[43] Immerhin fördern solche traditionellen Textaufgaben das *Mathematisieren*, indem die mathematisch relevanten Daten aus der sachlichen Verkleidung extrahiert und in ein entsprechendes mathematisches Modell übersetzt werden sollen. Durch den am Ende der Aufgabenbewältigung üblichen Antwortsatz erfolgt das *Interpretieren* der mathematischen Resultate bezogen auf die Sachsituation. Jedoch müssen weder grundlegende *Vereinfachungen* noch wesentliche *Strukturierungen* vorgenommen werden. Alle in der Aufgabenstellung angegebenen Informa-

---

[37] vgl. Bescherer, 2006, S.5-7
[38] vgl. Winter, 1985, S.30
[39] vgl. Peter-Koop, 2003, S.114
[40] Winter, 1985, S.30
[41] vgl. Bescherer, 2006, S.7
[42] Maaß, 2007, S.10, zit. nach Hahn / Dzewas, in: Cukrowicz / Dzewas (Hrgs.): Mathematik 10.Schuljahr. Westermann Verlag, Braunschweig 1992
[43] vgl. Maaß, 2007, S.11

tionen enthalten ausschließlich relevante Daten. Es muss weder die Relevanz der einzelnen Daten überprüft noch müssen zusätzlich wichtige Daten selbstständig ermittelt werden. Die Idee des mathematischen Modells ist in Teilaufgabe c) sogar angeführt, außerdem ist die gesamte Aufgabe durch die didaktisch aufbereiteten Untergliederungspunkte bereits stark vorstrukturiert. Eine Auswertung der Ergebnisse hätte aufgrund der mangelnden Authentizität sowieso wenig Sinn. Weder eingekleidete Aufgaben noch Textaufgaben fungieren als Modellierungsaufgaben.

„Wie alt werden bei uns die Menschen?"[44]

Bei dieser realitätsbezogenen Aufgabenstellung, Bescherer nennt diesen Typ von Sachaufgabe *Sachproblem,* steht die Sachsituation unmittelbar im Vordergrund. Sie ist nicht nur Mittel zur Anregung, Verkörperung oder Übung von Rechenverfahren, sondern selbst der Stoff, den es zu bearbeiten gilt: Die Aufgabe ist realitätsbezogen und *authentisch.* Die Schüler müssen bei ihrer Bearbeitung selbstständig entscheiden, welche Daten wichtig sind und welches mathematische Modell geeignet ist, das heißt, sie müssen mathematisch Modellieren.[45]

3.2 MERKMALE VON MODELLIERUNGSAUFGABEN

Übereinstimmend wird außer dem *Realitätsbezug* und der *Authentizität* die *Offenheit* für Modellierungsaufgaben gefordert.[46]
Das Merkmal der Offenheit wird im Folgenden konkretisiert.

3.2.1 OFFENHEIT VON MODELLIERUNGSAUFGABEN

Ausgehend von der Dreiteilung eines Problems in *Anfangszustand* (Situation, Information), *Transformation* (Methode, Verfahren) und *Zielzustand* (Ergebnis, Lösung) klassifizieren Greefrath sowie Büchter und Leuders acht verschiedene Typen von Aufgabenstellungen, die sich jeweils in der Offenheit mindestens eines Bereiches unterscheiden.[47]

---

[44] Winter, 1985, S.81
[45] vgl. Winter, 1985, S.31
[46] vgl. Blum / Leiß, 2006, S.42-43; Büchter / Leuders, 2005, S.73-78; Greefrath, 2007, S.27-30; Maaß, 2007, S.11-12; Winter, 1985, S.34
[47] vgl. Büchter / Leuders, 2005, S.92; Greefrath, 2007, S.33

Weil Büchter und Leuders im Gegensatz zu Greefrath neben dem Aspekt der Offenheit auch die Authentizität betrachten, beziehe ich mich im Folgenden auf ihre Darlegung.

Büchter und Leuders arbeiten drei Aufgabenstellungen heraus, die sowohl offen als auch authentisch sind. In allen drei Fällen ist die Transformation unklar. Sie unterscheiden sich in der Offenheit von Ausgangs- und Zielzustand.

Falls alle drei Bereiche – Anfangssituation, Transformation und Zielzustand – unklar sind, handelt es sich um eine *offene Situation* (vgl. 3.3.1). Bezogen auf eine Modellierungsaufgabe bedeutet dies, dass insbesondere die zur Konstruktion des Realmodells relevanten Daten unvollständig angegeben sind. Indem kein eindeutiges Ergebnis ermittelt werden kann, ist der Zielzustand unklar. Es gibt mehrere sinnvolle Ergebnisse, die von den getroffenen Annahmen sowie den durchgeführten Schätzungen und Messungen oder ermittelten Rechercheergebnissen abhängen.

Ist nur der Ausgangszustand klar, also alle zur Modellierung relevanten Informationen im Aufgabentext gegeben, die Transformation und der Zielzustand jedoch unklar, so wird die Aufgabe *Problemaufgabe* genannt (vgl. 3.3.1). Eine offene, authentische Aufgabenstellung, die im Ausgangs- und Zielzustand klar ist und nur die Transformation offen lässt, ist eine so genannte *Begründungsaufgabe.*[48]

Aufgrund der Unklarheit und Uneindeutigkeit der Ergebnisse einer durch mathematische Modellierung gelösten Problemstellung stellen Aufgaben zum gesamten Modellierungsprozess somit keine Begründungsaufgaben dar. Lediglich Aufgaben zum Validieren von realen Resultaten ohne Vorgabe des verwendeten Modells könnten gewissermaßen als eine Art Begründungsaufgabe aufgefasst werden. Ausgangssituation und Ziel – die realen Lösungen – sind bekannt, der Weg dazwischen ist unklar.

Wegen der Offenheit besitzen Modellierungsaufgaben *selbstdifferenzierende* Eigenschaften: Die Schüler können, den eigenen Kompetenzen angemessen, individuelle Lösungswege beschreiten.[49]

---

[48] vgl. Büchter / Leuders, 2005, S.93-94
[49] vgl. Maaß, 2007, S.19

3.3 ARTEN VON MODELLIERUNGSAUFGABEN

Die Literatur beinhaltet Modellierungsaufgaben, die neben unrelevanten <u>alle</u> relevanten Daten zum Erstellen eines Modells enthalten und solche, die <u>nicht alle</u> relevanten Daten enthalten. Maaß bezeichnet die erste Aufgabenart als *überbestimmte Aufgaben*, die zweite als *unterbestimmte*. Die Unterscheidung in über- und unterbestimmte Aufgaben führt Maaß nur im Zusammenhang von Einstiegsaufgaben ins Modellieren durch. Weiterführende Aufgaben bezeichnet Maaß als *Aufgaben zum gesamten Modellierungsprozess* und differenziert hierbei nicht, ob die Aufgabe alle relevanten Daten beinhaltet oder nicht.

Maaß stellt zusätzlich insbesondere für ungeübte „Modellierer" zahlreiche Aufgaben zur Förderung von Teilaspekten des Modellierens vor.

3.3.1 ÜBER- UND UNTERBESTIMMTE AUFGABEN

„Überbestimmte Aufgaben sind solche, die mehr Angaben enthalten als nötig."[50] Diese Modellierungsaufgaben sind für den Einstieg geeignet, weil die Schüler nicht selbst lösungsrelevante Daten beschaffen müssen. Sie haben lediglich zu entscheiden, welche Angaben lösungsrelevant sind und welche nicht. Dazu müssen sie sich ernsthaft mit dem Sachkontext auseinandersetzen.[51] Überbestimmte Aufgaben können durch ihren klaren Anfangszustand zu den *Problemaufgaben* gezählt werden.

„Unterbestimmte Textaufgaben sind solche, denen eine oder mehrere Angaben fehlen."[52] Die Schüler müssen die fehlenden lösungsrelevanten Informationen durch Internetrecherche, Messen, Befragen etc. selbstständig einholen. Das stellt besonders für Schüler, die es gewohnt sind, dass eine Mathematikaufgabe alle Zahlen enthält, die zur Berechnung notwendig sind, eine nicht zu unterschätzende Leistung dar.[53] Unterbestimmte Aufgaben können gemäß der Ausführungen von Blum und Leiß zur Offenheit von Aufgabenstellungen als *offene Situationen* bezeichnet werden, weil der offene Ausgangszustand mehrere plausible Ergebnisse (Zielzustände) zulässt.

Fermi-Fragen, charakterisiert als komplexe *Sachprobleme*, die für die rechnerische Beantwortung entweder keine oder nur unzureichende nume-

---

[50] Maaß, 2007, S.43
[51] vgl. Maaß, 2007, S.43
[52] Maaß, 2007, S.54
[53] vgl. Maaß, 2007, S.54

rische Angaben aufweisen, können als Beispiele unterbestimmter Aufgaben angesehen werden.

Die Benennung des Aufgabentyps geht auf seinen Erfinder, den italienischen Physiker Enrico Fermi zurück.[54] Die wohl bekanntesten Fermi-Fragen lauten:

„Wie viele Klavierstimmer gibt es in Chicago?
Wie viele Elefanten leben in den USA?"[55]

Auffallend ist, dass eine Fermi-Frage meistens zahllos ist und auf lediglich eine Frage beschränkt bleibt. Vielfach werden keine oder nur sehr spärliche Zusatzinformationen oder erklärende Bilder mitgeliefert.[56]

3.3.2 AUFGABEN ZU TEILPROZESSEN DES MATHEMATISCHEN MODELLIERENS

Damit die Schüler das Modellieren lernen, sollen laut Maaß und Blum neben Aufgaben, die das Durchlaufen des gesamten Modellierungsprozesses erfordern, auch solche gestellt werden, die nur Teilprozesse abverlangen.[57]

Maaß hebt drei Teilprozesse des Modellierens hervor, die isoliert in Aufgaben geübt werden sollen: *Aufgaben zum Bilden eines Modells, zum Interpretieren* und *zum Validieren.* Sie grenzt dabei nicht genauer ein, ob sie die Bildung eines Realmodells oder eines mathematischen Modells fördern will.

Bei der Bearbeitung von Aufgaben zum Üben des *Bildens von Modellen* sollen die Schüler ein Modell zum Lösen einer realen Problemsituation aufstellen, wobei die tatsächliche Problemlösung im Hintergrund steht. Maaß schlägt – abhängig von der Motivation der Schüler – vor, nach einer gemeinsamen Besprechung der konstruierten Modelle und einem Qualitätsvergleich auf der Basis eines gemeinsam ausgewählten Modells mit der Bearbeitung des Problems fortzufahren.[58]

---

[54] vgl. 2003, S.114-115
[55] Peter-Koop, 2003, S. 115
[56] vgl. Maaß, 2007, S.101ff
[57] vgl. Maaß, 2007, S. 73; Blum, ISTRON-Tagung 2006, S.18
[58] vgl. Maaß, 2007, S.73

Interessanterweise bestehen die *Interpretationsaufgaben* von Maaß nicht aus zu interpretierenden mathematischen Resultaten. Stattdessen weist sie Aufgaben, in denen die Schüler mit Graphen und Tabellen aus ihrer Umwelt umgehen müssen, eine Schlüsselrolle zum Üben der Interpretationsfähigkeit im Zusammenhang des Modellierens zu.[59]

Maaß' *Aufgaben zum Validieren* sind so konzipiert, dass die Schüler zu einer Aussage, einer Behauptung oder einer Rechnung Stellung nehmen sollen. Die Validierungsaufgaben weisen dabei teilweise unterschiedliche Zielsetzungen auf. Es gibt solche, die keine Rechnungen (innermathematische Arbeit im Modell) beinhalten und nur auf das Auswerten realer Resultate hinsichtlich ihrer Plausibilität abzielen und solche mit einer Rechnung, bei deren Bearbeitung insbesondere Bezug zur Rechnung hergestellt werden soll.[60]

---

[59] vgl. Maaß, 2007, S.76
[60] vgl. Maaß, 2007, S.87ff

Die Studie wird in einer sechsten Klasse einer Berliner Grundschule durchgeführt.

4.1 ANTHROPOGENE, SOZIOKULTURELLE UND SOZIALE VORAUSSETZUNGEN DER SCHÜLER

In der Klasse lernen zwölf Mädchen und zwölf Jungen im Alter von elf bis dreizehn Jahren. Die Schüler unterscheiden sich stark bezüglich ihres Leistungsstandes, ihrer Leistungsbereitschaft und Auffassungsgabe. Es gibt nur drei leistungsstarke Schüler, die restlichen einundzwanzig Schüler verteilen sich etwa gleichmäßig auf das mittlere und untere Leistungsniveau. Zwei Schülerinnen haben den Förderstatus „Lernen" und werden zieldifferent unterrichtet. Obwohl nur zehn Schüler einen Migrationshintergrund aufweisen, haben viele der Kinder sprachliche Schwierigkeiten, die teilweise erhebliches Ausmaß erreichen. Eine Schülerin ist lernbehindert und hat mitunter große Sprachschwierigkeiten. Bei vier Schülern ist eine Lese-Rechtschreib-Schwäche diagnostiziert worden.

Die teilweise eingeschränkten sprachlichen Fähigkeiten müssen bei der Formulierung der Aufgabenstellungen berücksichtigt werden, um ein Verstehen der Realsituation sicherzustellen.

4.2 VORUNTERSUCHUNG

Anhang zweier Aufgaben wurden die Modellierungskompetenzen der Schüler vorab untersucht. Dazu wurden eine von Maaß als Einstiegsaufgabe deklarierte überbestimmte Modellierungsaufgabe und anschließend eine von Peter-Koop in einer dritten Klasse erprobten Fermi-Aufgabe eingesetzt. Neben einem ersten Eindruck bezüglich der Modellierungsfähigkeiten der Schüler ging es um das Finden einer geeigneten Sozialform in der Erarbeitungsphase. Empfohlen werden sowohl von Maaß als auch von Peter-Koop die Erarbeitungsphase in Gruppenarbeit durchzuführen. Während Peter-Koop nur zwei Empfehlungen hinsichtlich der Gruppenzusammensetzung vorstellt, nämlich eine leistungsheterogene Zusammensetzung und eine nach Freundschaften[61], schlägt Maaß auch das Bilden von leistungs-homogenen Gruppen und das Losen der Gruppenmitglieder vor[62].

Zuerst fand eine zufällige Zusammensetzung der Gruppen per Los statt. Zufälligerweise wurden dabei drei leistungsheterogene und zwei weitgehend leistungshomogene Gruppen gebildet, wobei alle drei leistungsstarken Schüler auf die drei leistungsheterogenen Gruppen verteilt wurden. Auffällig war, dass in den drei leistungsheterogenen Gruppen die drei leitungsstarken Schüler das Ruder übernahmen und quasi alleine die überbestimmte Aufgabe erfolgreich bewältigten, während die anderen Gruppenmitglieder sich im Hintergrund hielten. Der leistungsschwächsten Gruppe gelang keine Modellierung, weil sie aufgrund fehlender Grundvorstellungen weder relevante von unrelevanten Daten zu unterscheiden vermochte noch die Daten sinnvoll miteinander verknüpfen konnte. Dieser Eindruck wurde bei der zweiten Aufgabe bestätigt, bei dem die Gruppenzusammensetzungen weitgehend nach freundschaftlichen Richtlinien von den Schülern gewählt wurden und sowohl leistungsheterogene als auch leistungshomogene Gruppen hervorbrachten.

Aus den ersten Beobachtungen gelange ich zu folgenden Erkenntnissen:

- Heterogene Lerngruppen bringen nicht die gewünschte Unterstützung und Beflügelung der leistungsschwächeren Gruppenmitglieder.
- Besonders leistungsschwache Schüler scheitern durch mangelnde Grundvorstellungen am Erstellen eines Modells.
- Es erfolgt keine Unterscheidung zwischen Realmodell und mathematischem Modell.
- Allen Schülern bereitet das Validieren große Schwierigkeiten.

4.3 PLANUNG DER DURCHFÜHRUNG

Durch die Untersuchung soll den eingangs formulierten Fragen geklärt werden sollen:

1. Lassen sich einschlägige Unterschiede bezüglich der Modellierungs-kompetenzen zwischen Schülern verschiedener Leistungsniveaus fest-stellen?
2. Gibt es Teilprozesse innerhalb des mathematischen Modellierens, die von weitgehend allen Schülern nur schwer oder gar nicht zu bewältigen sind?

---

[61] vgl. Peter-Koop, 2007, S.5
[62] vgl. Maaß, 2007, S.27

Der ersten Fragestellung soll insbesondere durch die Bearbeitung der Aufgaben in weitgehend leistungshomogenen Kleingruppen Rechnung getragen werden. Aufgaben zu den Teilaspekten *Modellbilden, Interpretieren* und *Validieren*, die in Einzelarbeit und leistungshomogener Partnerarbeit durchgeführt werden, sollen einen detaillierten Blick auf die Modellierungskompetenzen der Schüler ermöglichen.

Der Modellierungsprozess und seine Teilaspekte selbst werden nicht explizit thematisiert werden, damit die Schüler ihre kognitiven Kapazitäten vollständig dem Lösen der realen Problemstellung widmen können.

4.3.1 AUFGABENZUSAMMENSTELLUNG, -KONZEPTION UND -DARSTELLUNG

Es wird mit einer *überbestimmten Aufgabe* begonnen, weil hierbei die Schüler alle relevanten Date in der Aufgabe erhalten und nicht selbstständig nach fehlenden Daten recherchieren oder diese schätzen müssen. Leistungsstarke Schüler erhalten außerdem zum gleichen Sachverhalt zusätzlich eine unterbestimmte Aufgabenstellung.

Als nächstes soll das *Validieren* im Mittelpunkt stehen, um den Bezug zwischen Mathematik und Realität zu betonen. Die Validierungsaufgabe stellt gewissermaßen eine unvollendete Modellierung dar, die insbesondere die Modellbildung sowie die Berechnungen im Modell umfasst, und vor allem auf die Auswertung des Modells abzielt (vgl. 3.3.2). Obwohl den Aufgaben von Maaß zum Validieren nahelegen, dass es nicht zwingend notwendig ist, den gesamten Modellierungsprozess in der Aufgabenstellung darzulegen[63], könnte dies bei „Modellierungsanfängern" aus folgendem Grund sinnvoll sein: Die Schüler können sich auf das Auswerten konzentrieren und müssen nicht erst das Zustandekommen der Resultate rekonstruieren. Nach dem Validieren wird eine Aufgabe zum Interpretieren behandelt.

Als nächstes wird das *Erstellen eines Modells* fokussiert, bevor die Schüler den gesamten Modellierungsprozess selbstständig durchlaufen sollen. Obwohl es bei dieser Aufgabe nur um das Modellerstellen geht, handelt es sich um eine „normale" Modellierungsaufgabe, in diesem Fall um eine unterbestimmte. Die Schüler erhalten jedoch die ausdrückliche Anweisung, nur eine geeignete Vorgehensweise zum Beantworten der Frage zu finden, also ein Modell zu erstellen, und nicht das „eigentliche" Problem zu lösen.

---

[63] vgl. Maaß, 2007, S.67-71 und S.87-98

Erst dann sollen sich die Schüler der Bearbeitung einer *unterbestimmten Aufgabe* widmen und können hierbei ihre Modellierungskompetenzen unter Beweis stellen.

Bei der Konzeption der realitätsbezogenen Aufgaben stehen neben der Beachtung der Kriterien *Offenheit* und *Authentizität* folgende Überlegungen im Mittelpunkt:

- Zu den realen Sachverhalten sollen die Schüler bereits Erfahrungen gesammelt haben, damit sie diese verstehen können.
- Eine Bewältigung der Aufgabenstellung soll mit relativ einfachen Modellierungsprozessen möglich sein, weil die Schüler im mathematischen Modellieren noch ungeübt sind.
- Aufgrund der sprachlichen Schwierigkeiten einiger Schüler soll der Aufgabentext möglichst knapp gehalten werden.

4.3.2 DARSTELLUNG DER EINZELNEN AUFGABEN

Das Formulieren von realitätsbezogenen, authentischen, offenen und interessanten Aufgabenstellungen, die außerdem durch eine relativ einfache Modellierung bewältigt werden können, stellt eine hohe Anforderung dar. Dies insbesondere, weil interessantere Fragestellungen oftmals einen komplexeren Modellierungsprozess verlangen. Die Einfachheit der Modellierung wird im Zweifelsfall einer interessanteren Fragestellung vorgezogen.

4.3.2.1 Eine überbestimmte Aufgabe: *Eisbärenfütterung*

Der Eisbär ist – besonders durch Knut – zu einem beliebten Tier geworden, so dass die Aufgabe an das Interesse der Kinder anknüpft. Einige Schüler verfolgten vielleicht Schlagzeilen über den Eisbären Knut oder besuchten den Berliner Zoo, um eine „Knut-Show" oder auch eine Eisbärenfütterung zu sehen und besitzen somit Erfahrungen zum Sachzusammenhang. In der Aufgabenstellung, die an das mathematische Themenfeld *Größen und Messen* (Massen) anknüpft, wurden neben den beiden lösungsrelevanten Daten – Anzahl der Eisbären im Berliner Zoo und Futterration pro Tag je Eisbär – zwei überflüssige Daten eingebaut, und zwar Knuts Gewicht im Juli 2007 und die voraussichtliche Gewichtszunahme Knuts während seines Wachstums. Um ein gründlicheres Lesen zu initiieren, sind die lösungsrelevanten Daten in Worten ausgeschrieben und nicht in den mathematisch verkürzten Symbolen angegeben. Die Schüler sollen zur Beantwortung der Frage *„Wie viel Kilogramm Fleisch werden pro Woche für die Fütterung der Eisbären im Zoo benötigt?"* zunächst die wichtigen Daten extrahieren, um diese bei der Modellbildung sinnvoll zu verknüpfen und schließlich die Frage durch Berechnungen im Modell und Interpretieren der mathematischen Ergebnisse begründet zu beantworten. Voraussichtlich wird das Validieren eher knapp ausfallen oder völlig vernachlässigt werden, so dass in der Präsentationsphase besonders darauf eingegangen werden muss. Zur Binnendifferenzierung erhalten leistungsstarke Schüler zusätzlich die Frage *„Wie oft müssten die Eisbären in freier Wildbahn eine Sattelrobbe jagen, um keinen Hunger zu leiden?"* Die fehlende lösungsrelevante Information zum Gewicht einer Sattelrobbe können sie in Sachbüchern oder im Internet recherchieren.

4.3.2.2 Aufgaben zum Validieren

Bei der Konzeption der Validierungsaufgaben steht im Vordergrund, den Schülern eine Modellbildung zu liefern, deren Fehlerhaftigkeit sie durch ihre Erfahrungen erschließen können. Außerdem wird versucht, ein Problem zu betrachten, dessen Modellierung auf den in der bisherigen Grundschulzeit durchgeführten mathematischen Grundverfahren beruht, damit von den Schülern die unzureichende Modellbildung entsprechend berichtigt werden kann. In der Literatur konnte ich nur eine Validierungsaufgabe finden, die diesen Ansprüchen genügt, wobei ohnehin nicht viele für Grundschüler geeignete Aufgaben zum Validieren existieren.

Die Aufgabenstellungen bestehen jeweils aus einem mathematischen Modell in Form von Gleichungen, der Berechnung der Gleichungen sowie der Interpretation der mathematischen Resultate.

4.3.2.2.1 Puzzle

Diese Aufgabe ist von Maaß als Einstiegsaufgabe zum Validieren vorgegebener Modelle deklariert und entspricht dem Themenfeld *Größen und Messen* (Zeitspannen) beziehungsweise dem nicht im Rahmenlehrplan der Grundschule aufgeführten Themenfeld *Funktionaler Zusammenhang.*

Das vorgegebene Modell ist ungeeignet, da es nicht die Tatsache berück-sichtigt, dass das Puzzeln keinen proportionalen Zusammenhang zwischen der Anzahl der gelegten Puzzleteile und der dazu benötigten Zeit darstellt. Die Aufgabe ist insofern geeignet, als dass alle Schüler sicherlich Erfahrungen zum Puzzeln haben und durch das Bereitstellen von Mini-puzzles das Validieren handelnd unterstützt werden kann.

4.3.2.2.2 Grundschulzeit

Die Aufgabe berührt das Themenfeld *Größen und Messen* (Zeitspannen). Das vorgegebene Modell ist aufgrund zu starker Vereinfachungen un-genügend, weil es schulfreie Wochenenden, Feiertage, Schulferien, Krankheitstage, weniger Unterrichtszeit in den niedrigeren Klassenstufen, Hitzefrei etc. außer Acht lässt. Zwar ist die Plausibilität des realen Er-gebnisses *„13140 Stunden seines Lebens geht jeder Schüler in die Grundschule"* aufgrund der großen Maßzahl schwer überprüfbar, jedoch können die Kinder wegen ihrer Erfahrungen leicht die „Stolpersteine" im Modell entdecken und Verbesserungsvorschläge liefern. Die durchaus interessantere Aufgabenstellung, in der die 13140 Stunden in erstaunlich geringe 1½ Jahre umgerechnet werden könnten, wird verworfen. Die zusätzlichen Umrechnungen mit den Umrechnungszahlen 24 (Stunden in Tage) und 365 (Tage in Jahre) bereiten nämlich den Schülern dieser Klasse große Schwierigkeiten (vgl. 4.3.2).

4.3.2.3 Eine Aufgabe zur Modellbildung: *Schulweg*

Diese Aufgabe ist eine meinerseits modifizierte Version einer von Dobner in einer dritten Klasse durchgeführten Modellierungsaufgabe.[64] Obgleich die Aufgabe thematisch ähnlich zu der vorhergehenden ist, geht es innermathematisch um die Berechnung einer Länge statt einer Zeitspanne. Die Schüler sollen zu der Frage *„Wie viele Kilometer hast du im letzten Jahr auf deinen Wegen zwischen Schule und Wohnung zurückgelegt?"* eine Vorgehensweise zur Bestimmung der Streckenlänge entwickeln. Bei der Modellbildung können die Überlegungen zur letzten Aufgabe durchaus hilfreich sein, weil die Anzahl der tatsächlichen Schultage auch in dieser Aufgabe eine Rolle spielt. Zusätzlich müssen die Schüler jedoch erkennen,

---

[64] vgl. Dobner, 2004, S.51-52

dass sie den Schulweg in der Regel zweimal gehen: einmal auf dem Hinweg zur Schule und einmal auf dem Rückweg. Weitere Überlegungen wie Übernachtungen bei Freunden, im Falle von Trennungskindern beim anderen Elternteil etc. bieten zahlreiche Differenzierungsmöglichkeiten in der Modellbildung. Weil die meisten Schüler in der unmittelbaren Schulnähe wohnen, sind verschiedene Messvorgänge des Schulweges praktikabel: durch Abschreiten mit gleich großen Schritten und Umrechnung der mit der individuellen Schrittlänge gemessenen Strecke in standardisierte Längenmaßeinheiten, mit dem Maßband, Zollstock oder mit einem Tachometer. Die Schüler sollen dabei selbstständig Ideen zur Informationsbeschaffung fehlender lösungsrelevanter Größen entwickeln. Gegebenenfalls schlagen einige Schüler auch vor, Googlemaps zur Streckenlängenberechnung einzusetzen oder in einem Stadtplan die verkleinerte Streckenlänge abzumessen und anhand des Maßstabs umzurechnen. Sollten die Schüler nach der Präsentation ihrer Modellbildungen motiviert sein, die Berechnungen in einem gemeinsam ausgewählten Modell auszuführen, so erhalten sie die Hausaufgabe, die Länge ihres Schulweges zu ermitteln, damit in der nächsten Stunde mit dem mathematischen Modellieren fortgefahren werden kann.

4.3.2.4 Eine unterbestimmte Aufgabe: *Der Fußball-Globus*

Bei der Bearbeitung dieser von mir modifizierten Modellierungsaufgabe von Herget[65] sollen die Schüler ausgehend von einem Foto des Fußball-Globusses die Frage „Wie *groß wäre ein entsprechender Fußballspieler, der mit dem Fußball-Globus spielen könnte?*" durch mathematische Modellierung beantworten. Das inhaltliche Thema Fußball ist für die meisten Kinder ansprechend – nicht nur für die Jungen – weshalb auf große Leistungsbereitschaft seitens der Schüler gehofft werden darf. Außerdem besuchten die Schüler bei einem Wandertag im letzten Jahr den Fußball-Globus und besitzen somit eine Vorstellung von seiner Höhe (zum Durchmesser). Mathematisch berührt die Frage einerseits das Themenfeld *Größen und Messen* (Längen), andererseits das Themenfeld *Form und Veränderung*, weil das Bild eine Verkleinerung des Fußball-Globusses darstellt. Es gibt drei fehlende lösungsrelevante Daten: Höhe (Durchmesser) des Fußball-Globusses, Höhe (Durchmesser) eines wettkampf-

---

[65] vgl. Herget, Wilfried: Typen von Aufgaben. In: Blum/Drüke-Noe/Hartung/Köller, 2007, S.189

gerechten Fußballes, (Durchschnitts-)Größe eines Fußballspielers, die auf verschiedenen Wegen ermittelt werden können. Dazu werden den Schülern Maßbänder, ein wettkampfgerechter Fußball und das Internet bereitgestellt.

4.3.2.5 Eine Aufgabe zum Interpretieren: *Eintrittspreise des Berliner Zoos*

In dieser Aufgabe sollen die Schüler anhand einer Tabelle über die Eintrittspreise des Berliner Zoos entscheiden, welche Tickets der sparsame Herr Verworrn für sich, seine Frau, seine zehn- und dreijährigen Töchter kaufen soll. Die Schüler müssen dazu einerseits die Informationen der Tabelle interpretieren, andererseits Preisvergleiche durchführen. Um die Aufgabe erfolgreich zu bewältigen, müssen die Schüler erkennen, dass die dreijährige Tochter noch gar keinen Eintrittspreis zahlen muss. Das vermeintlich billigere Familienticket ist für die Familie Verworrn daher unzweckmäßig, sie sollten die Tickets besser einzeln lösen.

Preistabellen knüpfen an Erfahrungen der Kinder an, weshalb ihnen gewisse Strukturen, wie die Unterteilung in Kinder- und Erwachsenenpreise vertraut sein müssten. Die Tabelle der Eintrittspreise des Berliner Zoos eignet sich deshalb zum Fördern der Teilkompetenz Interpretation, weil sie neben den gängigen Kinder-, Erwachsenen- und Studentenpreisen etc. zwei verschiedene Familientickets beinhaltet. Besonders aufgeweckte Kinder überlegen vielleicht sogar, ob einer der Verworrns aufgrund einer Arbeitslosigkeit oder Behinderung einen Preisnachlass erhalten würde.

Die innermathematischen Ansprüche sind hierbei gering, da nur einfache Rechnungen mit niedrigen Geldwerten ohne Umrechnungen durchgeführt werden müssen.

4.3.3 DURCHFÜHRUNG DER EINZELNEN AUFGABEN

Alle Aufgaben werden zunächst gemeinsam im Plenum vorgestellt. Die Schüler erhalten Zeit, um sich mit der realen Situation und der Problemstellung auseinanderzusetzen und die Realsituation mündlich mit eigenen Worten zu beschreiben.

Die Bearbeitung der Problemstellung erfolgt in leistungshomogener Kleingruppenarbeit, sofern es sich um Aufgaben zum gesamten Modellierungsprozess handelt. Sind es Aufgaben zu Teilprozessen des Modellierens, werden zunächst in Einzelarbeit Ideen notiert und diese dann mit einem Mitschüler in Partnerarbeit durch problemorientiertes Diskutieren gebündelt. Medien zur Datenbeschaffung werden bereitgestellt, ohne die Schüler explizit zum Benutzen der Medien aufzufordern. Alle Ideen zum Lösungsansatz und zur Datenbeschaffung sollen von den Schülern selbstständig entworfen werden.

Die Ergebnissicherung erfolgt durch die Schüler in Form einer Präsentation ihrer Arbeitsergebnisse mit anschließender Diskussion und Vergleich der Lösungsmethoden.[66] Die Schüler erhalten so die Möglichkeit, aus ihren Fehlern oder den Fehlern anderer zu lernen.

Der Erarbeitungsphase von Aufgaben zu den Teilkompetenzen folgt eine Diskussionsphase zwischen zwei Partnergruppen, bevor die Auswertungs- und Sicherungsphase beginnt. Einerseits findet hierbei bereits eine Auswertung der Arbeitsergebnisse statt, andererseits führt die Selektion der plausibleren Ergebnisse zu einer geringeren Anzahl von Präsentationen.

In allen Unterrichtsphasen fungiert die Lehrperson als Moderator und leistet nur minimale Hilfestellung.[67] Dabei sollten die Lehrerhilfen laut Blum eher strategisch als inhaltlich sein.[68] Anlehnend an Zech formuliert Maaß fünf Stufen von Hilfestellungen beim Modellieren: die *Motivationshilfe* („Du wirst es schon schaffen!"[69]), die *Rückmeldungshilfe* („Du bist auf dem richtigen Weg!"[70]), die *allgemein-strategische Hilfe* („Mache dir eine Skizze!"[71]), die *inhaltsorientierte strategische Hilfe* („Welche Werte fehlen dir? Versuche Werte dafür zu schätzen!"[72]) und *inhaltliche Hilfen*.[73]

In Form von Tipp-Karten werde ich den Schülern allgemein-strategische Hilfen anbieten, damit sie möglichst selbstständig Denkblockaden überwinden. Wenn die Schüler Strategien zum Modellieren verinnerlicht haben, sollen nach und nach die Hilfestellungen reduziert werden.

---

[66] vgl. Maaß, 2007, S.27-28
[67] vgl. Maaß, 2007, S.31
[68] vgl. Blum, ISTRON-Tagung 2006, S.31
[69] Maaß, 2007, S.31
[70] Maaß, 2007, S.31
[71] Maaß, 2007, S.31
[72] Maaß, 2007, S.32
[73] vgl. Maaß, 2207, S.31

Aufgabe	Aufgabenart	Themenfeld
Eisbärenfütterung	überbestimmte Aufgabe	Größen und Messen (Massen)
Puzzle	Aufgabe zur Teilkompetenz Validieren	Größen und Messen (Zeitspannen)
Grundschulzeit	Aufgabe zur Teilkompetenz Validieren	Größen und Messen (Zeitspannen)
Schulweg	Aufgabe zur Teilkompetenz Modellbilden	Größen und Messen (Längen)
Der Fußball-Globus	unterbestimmte Aufgabe	Form und Veränderung (Maßstab) sowie Größen und Messen (Längen)
Eintrittspreise des Berliner Zoos	Aufgabe zur Teilkompetenz Interpretieren	Größen und Messen (Geldwerte)

5 DARSTELLUNG UND ANALYSE MATHEMATISCHER MODELLIERUNGS-PROZESSE ANHAND AUSGEWÄHLTER REALITÄTSBEZOGENER AUFGABENSTELLUNGEN

Im Folgenden werden anhand der überbestimmten Aufgabe *Eisbären-fütterung*, der Aufgabe *Grundschulzeit* zum Validieren und der Aufgabe *Schulweg* zum Modellbilden mit zusätzlicher Darstellung des anschließenden Fortfahrens im Modellierungsprozess die Modellierungskompetenzen der Schüler analysiert. Aufgaben zum gesamten Modellierungsprozess eignen sich vor allem, um einen Überblick über die Modellierungskompetenzen der Schüler zu erhalten. Weil die unterbestimmte Modellierungsaufgabe *Der Fußball-Globus* nur von bedenklich wenigen Schülern bewältigt wurde und es große Defizite in der Darstellung der Gedankengänge gab, ziehe ich die Darlegung und Analyse der überbestimmten Aufgabe *Eisbärenfütterung* heran. Auch die weiterführende Modellierung der Aufgabe *Schulweg*, die in erster Linie zum Üben der Modellbildung fungieren sollte und erst im zweiten Schritt Ausgangspunkt für eine vollendete Modellierung darstellte, erwies sich tragfähiger als die unterbestimmte Aufgabe. Eine Aufgabe zum Teilprozess des Validierens wird betrachtet, da das Validieren ein für die Schüler äußerst schwer zu bewältigender Vorgang im Modellbildungsprozess ist. Hierbei bevorzuge ich die Darstellung und Auswertung der zweiten Validierungsaufgabe *Grundschulzeit*, weil hierbei im Vergleich zur ersten Validierungsaufgabe *Puzzle* deutlich bessere Ergebnisse erzielt wurden.

5.1 INDIKATOREN ZUR ANALYSE VON MODELLIERUNGSPROZESSEN

Ausgehend von Blums enger Auffassung des Modellierungsbegriffs werden die Teilprozesse *Vereinfachen und Strukturieren*, *Mathematisieren*, *Interpretieren und Validieren* anhand folgender Indikatoren betrachtet.

Teilkompetenz		Indikator
Modell bilden	Vereinfachen	Die Schüler extrahieren wichtige Informationen aus der Realsituation und beschaffen ggf. fehlende, lösungsrelevante Daten.
	Strukturieren	Die Schüler stellen lösungsrelevante Daten in einem sinnvollen Zusammenhang dar.
	Mathematisieren	Die Schüler übersetzen das Real- bzw. Situationsmodell (vgl. 2.2.1) in ein mathematisches Modell bestehend aus Termen, Gleichungen, Figuren etc.
Interpretieren		Die Schüler formulieren Folgerungen der mathematischen Resultate auf das reale Sachproblem.
Validieren		(Val 1) Die Schüler überprüfen die realen Ergebnisse auf Plausibilität bzw. das Modell auf Genauigkeit. (Val 2) Gegebenenfalls benennen sie Schwachstellen der Modellbildung.

5.2 DIE ÜBERBESTIMMTE AUFGABE: *EISBÄRENFÜTTERUNG*

5.2.1 DARSTELLUNG DER AUFGABE

<u>Eisbärenfütterung</u>

Im Berliner Zoo gibt es insgesamt fünf Eisbären, einer davon ist unser Knut. Über 50kg wiegt Knut schon und wird, bis er ausgewachsen ist, noch 600 bis 750kg zunehmen. Eisbären sind ausgesprochene Fleischfresser. Ein Eisbär frisst pro Tag ungefähr vier Kilogramm Fleisch.
In freier Wildbahn ernährt sich der Eisbär am liebsten von Sattelrobben.

Wie viel Kilogramm Fleisch werden pro Woche für die Fütterung der Eisbären im Zoo benötigt?

5.2.2 LÖSUNG DER AUFGABE

Als erstes müssen die Schüler erkennen, dass zur Bearbeitung der Frage *„Wie viel Kilogramm Fleisch werden pro Woche für die Fütterung der Eisbären im Zoo benötigt?"* nur die Anzahl der Eisbären sowie die pauschale tägliche Futterration eines Eisbären lösungsrelevante Informationen darstellen. Alle weiteren numerischen Daten – Knuts derzeitiges Gewicht und seine vermutete Gewichtszunahme bis er ausgewachsen ist – sind lösungsirrelevant. Bei der Aufstellung eines sinnvollen Modells müssen die Schüler außerdem auf ihr Alltagswissen über die Anzahl der Tage pro Woche zurückgreifen.

Das einfachste *Realmodell* ohne Berücksichtigung der Tatsache, dass das Eisbärenkind Knut weniger Fleisch pro Tag frisst als die ausgewachsenen Eisbären, wäre demnach:

Anzahl der Eisbären im Berliner Zoo: 5 Eisbären

Anzahl der Tage pro Woche: 7 Tage

Masse der täglichen Futterration pro Eisbär: 4 kg

Die wöchentlich benötigte Fleischmenge zur Fütterung der Eisbären im Berliner Zoo ist gleich der fünffachen Fleischmenge, die für einen Eisbären in sieben Tagen benötigt wird.

Dementsprechend wäre das dazugehörige *mathematische Modell*:

5 • 7 • 4 kg

Die *Interpretation* des *mathematischen Resultats 140 kg* zeigt sich in einem Antwortsatz der Art:

Zur Fütterung der fünf Eisbären im Berliner Zoo werden wöchentlich ungefähr 140 Kilogramm Fleisch benötigt.

Abschließend sollte in einer Bemerkung die Plausibilität des *realen Resultats* begründet und damit das Modell validiert werden.

5.2.3 ANALYSE DER WEITGEHEND IN LEISTUNGSHOMOGENER GRUPPENARBEIT DURCHGEFÜHRTEN MATHEMATISCHEN MODELLIERUNGEN

Leistungs-niveau	Gruppe	Ver	Stru	Math	Int	Val	Plausibles Ergebnis
oberes	1	+	+	+	+ -	-	+
	2	+	+	+	+	-	+
mittleres	3	+	+	+	+	+ -	-
	4	+-	+-	+ -	+	-	-
unteres	5	+	+	+	+	-	-
	6	+	+	+	+	+ -	+
	7	-	-	-	-	-	-

Ver: Vereinfachen / **Stru**: Strukturieren / **Math**: Mathematisieren / **Int**: Interpretieren
Val: Validieren / + : erfüllt / + - : teilweise erfüllt / - : nicht erfüllt

Aufgrund vier fehlender Schüler (unteres Leistungsniveau) gab es insgesamt nur sieben Kleingruppen mit vorwiegend drei Schülern. Es gelang drei dieser Kleingruppen, ein plausibles Ergebnis zu erhalten – darunter die beiden leistungsstarken Gruppen 1 und 2 sowie die leistungsschwache Gruppe 6, so dass von drei erfolgreichen Modellierungen gesprochen werden kann. Bei zwei weiteren Kleingruppen – Gruppe 3 (mittleres Leistungsfeld) und Gruppe 5 (unterer Leistungsbereich) – ließen sich trotz fehlerhafter Ergebnisse Modellierungskompetenzen verzeichnen, da ihre unplausiblen Ergebnisse auf Rechenfehlern basierten. Zwei Kleingruppen – Gruppe 7 (unteres Leistungsniveau) und Gruppe 4 (mittleres Leistungsniveau) – misslang die Modellierung. Bei ihnen konnten entweder gar keine oder nur vage Ansätze von Modellierungskompetenzen diagnostiziert werden. Die Schüler der Gruppe 7, deren Ergebnis *„Er frisst 6 Kilogramm pro Tag!"* lautete, scheiterten bereits am Verstehen der Realsituation, wie anhand ihrer Antwort *„Es wird nach vier Kilogramm gefragt!"* auf die allgemein-strategische Frage *„Nach welcher Größe wird gefragt?"* deutlich wird.

Die Schüler der Gruppe 4 multiplizierten zunächst wahllos die Größen miteinander. Etwas später gelang es ihnen, zumindest richtig zu berechnen, wie viel ein Eisbär pro Woche an Fleisch frisst. Daraufhin begann jedoch ein erneutes scheinbar unüberlegtes Multiplizieren von Zahlen, sodass sie als Ergebnis formulierten:

„Die Eisbären fressen 712 kg in der Woche." (Gruppe 4)

5.2.4 DARSTELLUNG UND ANALYSE EINER AUSGEWÄHLTEN MATHEMATISCHEN MODELLIERUNG

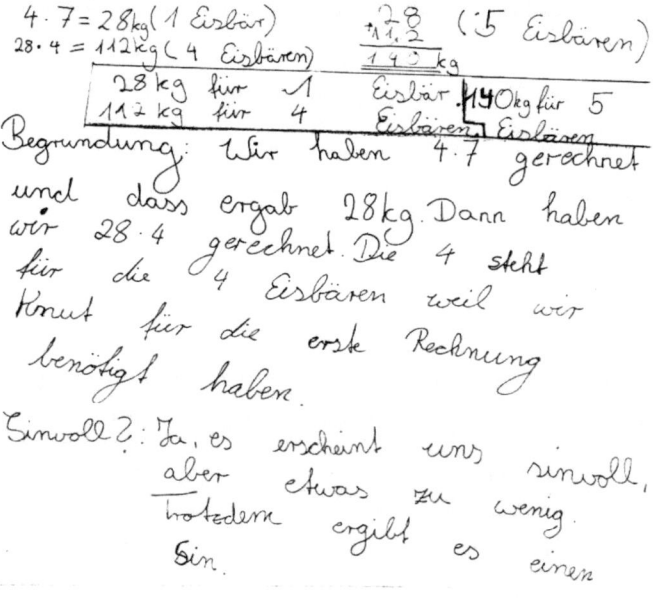

---

[74] Sämtliche schriftliche Ausführungen der Schüler wurden in dieser Arbeit unkorrigiert übernommen. Das bezieht sich sowohl auf eingefügte Bilder der Originale als auch auf Zitate.

Den Schülern der Gruppe 3 (mittleres Leistungsniveau) gelang das Vereinfachen und Strukturieren, indem sie die lösungsrelevanten Daten – die Anzahl der Eisbären (5) sowie die tägliche Futterration (4 kg pro Eisbär) – richtig miteinander verknüpften.

Des Weiteren führten die Kinder erfolgreich eine Modellbildung durch, wenngleich es keine Trennung zwischen Realmodell und mathematischem Modell gab.

Ihre Modellbildung und Erläuterung zeigten, dass sie sich zunächst nur dafür interessierten, wie viel Fleisch Knut in der Woche frisst, und die Schüler dafür richtig die tägliche Futtermenge (4 kg) mit der Anzahl der Tage pro Woche (7) multiplizierten. Dabei übersahen sie, wie im Übrigen die meisten Gruppen, die Maßeinheiten in einer Gleichung mathematisch exakt zu notieren bzw. gänzlich wegzulassen. Erst anschließend berechneten sie, wie viel die anderen vier Eisbären pro Woche fressen, indem sie die Wochenration eines Eisbären (28 kg) mit der Anzahl der übrigen Eisbären (4) multiplizierten, wiederum ohne die Maßeinheit mitzuführen. Durch Addition der beiden Größen (28 kg und 112 kg) beziehungsweise derer Maßzahlen gelangten sie schließlich zu einem plausiblen mathematischen Ergebnis von 140 kg.

Obwohl die Schüler keinen Antwortsatz notierten, konnte man deutlich umrahmt ihre Interpretation der mathematischen Resultate erkennen.

Die Darlegung ihrer Vorgehensweise, die sie als Begründung bezeichneten, war noch nicht ausgereift. Bis auf ihre Erläuterung, wofür die 4 im zweiten Term stehe, waren die Ausführungen der Schüler lediglich eine verbale Umschreibung ihrer Berechnungen.

Das Validieren misslang der Gruppe, wenngleich sie der allgemein-strategischen Hilfestellung *„Ist das Ergebnis sinnvoll? Kann es stimmen?"* von der Tipp-Karte wenigstens Beachtung schenkten.

„Ja, es erscheint uns sinvoll, aber etwas zu wenig. Trotzdem ergibt es einen Sin." (Gruppe 3)

Diese abschließende Aussage der Schüler verdeutlicht ihre Unbeholfenheit bei der versuchten Validierung.

5.2.5 WEITERE BEMERKUNGEN ZU DEN MODELLIERUNGSPROZESSEN

Gruppe 1 überlegte spitzfindig, dass der kleine Knut doch nicht so viel Fleisch wie die großen Eisbären fresse. Obwohl dieser Einwand richtig ist, gelang es ihnen nicht, ihre vermutete tägliche Futterration für Knut von circa einem Kilogramm Fleisch richtig zu begründen. Sie argumentierten:

„Dann haben wir überlegt, dass Knut nur viertel so groß ist wie ein Erwachsener Eisbär, deshalb frisst er ca. 1 kg pro Tag." (Gruppe 1)

Erstens ist die Verhältnisangabe ein Viertel falsch, weil ein ausgewachsener Eisbär etwa 650 bis 800 Kilogramm und Knut nur 50 Kilogramm wiegt. Zweitens wird der Begriff *groß* unkorrekt verwendet. Drittens ist fragwürdig, ob die Futtermenge und die Körpermasse als proportional betrachtet werden können. Dennoch gebührt ihren Überlegungen große Anerkennung, weil die Schüler der Gruppe 1 ernsthaft versuchten, den Sachzusammenhang möglichst genau mit Hilfe der Mathematik zu durchdringen.

Auffällig war in vielen Schülerlösungen die unscharfe Trennung zwischen Mathematik und Realität, wie die folgenden Schülerzitate belegen:

„Dann haben wir das Ergebnis von Knut mit dem Ergebnis den anderen Eisbären multiplizirt und wir sind auf das Ergebnis 119 kg gekommen." (Gruppe 1)

„Die 4 steht für die 4 Eisbären weil wir Knut für die erste Rechnung benötigt haben." (Gruppe 6)

Wie vermutet, bereitet das Validieren den Schülern große Schwierigkeiten. Die leistungsstarken Schüler begründeten verbal die Plausibilität ihres Ergebnisses mit dem Verweis auf die Richtigkeit ihrer Rechnung. Gruppe 3 stellte zwar fest, dass ihr vermeintliches Ergebnis 2400 kg (als Wert des Produkts aus den Faktoren 5 und 28 kg) viel zu groß sei, strichen daraufhin jedoch einfach eine Null durch, um ein für sie befriedigendes Ergebnis von 240 kg zu erhalten. Sie prüften zwar ihr reales Resultat auf Plausibilität, erkannten jedoch nicht die Ursache ihres falschen Ergebnisses.

5.3 Die Aufgabe zum Validieren eines vorgegebenen Modells:

GRUNDSCHULZEIT

5.3.1 DARSTELLUNG DER AUFGABE

Grundschulzeit

Am Ende dieses Schuljahres ist deine Grundschulzeit vorbei. *Hast du dich schon einmal gefragt, wie viele Stunden deines Lebens du dann in der Grundschule verbracht hast?*

Frau Baack dachte darüber nach: „Meistens sind Grundschüler etwa 6 Stunden täglich in der Schule. Die Grundschulzeit dauert 6 Jahre und ein Jahr hat 365 Tage."
Daraufhin rechnete sie:
$365 \cdot 6 \cdot 6 = 365 \cdot 36$ und

$$
\begin{array}{r}
365 \cdot 36 \\
\hline
1095 \\
+ \quad 2190 \\
\hline
13140
\end{array}
$$

Frau Baack folgerte: „Dann ist jeder Schüler etwa 13140 Stunden seines Lebens in der Grundschule!"

Was meinst du zu Frau Baacks Überlegungen?
Kann das überhaupt stimmen?

5.3.2 LÖSUNG DER AUFGABE

Indem pauschal von sechs Stunden täglich für jede Klassenstufe ausgegangen und die Anzahl der Tage pro Jahr der Anzahl der jährlichen Schultage gleichgesetzt wird, entsteht ein zu großes Ergebnis von insgesamt 13140 Stunden. Die Schüler sollen erkennen, dass man nicht 365 Tage im Jahr in die Schule geht, sondern die Anzahl der schulfreien Tage durch Wochenenden, Feiertage, Ferien etc. vernachlässigt werden müssen. Auch die Aussage, dass Schüler etwa sechs Stunden an einem Schultag in der Schule sind, kann verfeinert werden. Schüler in den unteren Jahrgangsstufen sind in der Regel täglich nur vier oder fünf Stunden in der Schule, auch Kurzstunden bei Hitzefreiregelung führen zu einer Verminderung der Stundenzahl. Es ließen sich noch viele weitere Überlegungen zur Optimierung des Modells anstellen, deren Umsetzung in ein mathematisches Modell jedoch schwierig ist.
Die Schüler sollen bei der Bearbeitung dieser Aufgabe zunächst nur feststellen, dass das Modell ungenau ist und Ursachen von Ungenauigkeiten benennen.

5.3.3 Analyse des in Einzelarbeit durchgeführten Modellierungsteilprozesses *Validieren*

Leistungs-niveau	Anzahl der Schüler		
	insgesamt	Val 1	Val 2
oberes	3	3	3
mittleres	9	3	2
unteres	9	5	5
Σ	21[75]	11	10

Val 1: Die Schüler zweifeln an der Plausibilität des Ergebnisses bzw. des Modells.
Val 2: Die Schüler zeigen Schwachstellen der vorgegebenen Modellbildung richtig auf.

Bemerkenswerterweise stellte nur etwa die Hälfte der Schüler das reale Ergebnis und das Modell in Frage. Abgesehen von einer Ausnahme, benannten diese Schüler die Schwachstellen und führten damit gleichzeitig Verbesserungsvorschläge an. Auffällig ist, dass vor allem die Schüler im Leistungsmittelfeld relativ unkritisch die vorgegebene Modellierung als richtig erachteten und damit die Schüler im unteren Leistungsniveau kompetenter beim Validieren erscheinen lassen. Die leistungsstarken Schüler hingegen, die bei eigenen Modellierungsprozessen Schwächen beim Validieren ihres Modells aufzeigten, erwiesen sich in dem ersten Teil dieser Aufgabe als kompetent.

Aus Zeitgründen erfolgte anstatt einer Präsentation eine moderierte Diskussion zwischen den Gruppen. Nachdem gemeinsam ein Meinungsbild bezüglich der Richtigkeit der Modellbildung per Handzeichen festgestellt wurde, wurden einschlägige Argumente für und wider der Richtigkeit der Modellierung gegenübergestellt. Zumeist wurde das gegen die Exaktheit des Modells sprechende Argument der Nichtberücksichtigung von Wochenendtagen und Ferien erbracht. Nur wenige Schüler führten die geringere Stundenanzahl des Schulunterrichts in niedrigeren Klassenstufen an. Schüler, die „Frau Baacks Überlegungen" als richtig erachteten, stützten sich in ihren Argumentationen weitgehend auf die korrekten Berechnungen. Nachdem einstimmig das Modell als ungenau bezeichnet wurde, nannten die Schüler zahlreiche weitere Argumente für die Ungenauigkeit des Modells: Feiertage, Fehltage, Studientage, Stundenausfall aufgrund fehlender Lehrer, Hitzefrei etc.

---

[75] Drei Schüler, davon zwei im Leistungsmittelfeld und eine leistungsschwache Schülerin, fehlten an diesem Schultag.

Aufbauend auf den ermittelten fehlenden, aber lösungsrelevanten Daten, sollten die Schüler in weitgehend leistungshomogener Partnerarbeit das Modell dementsprechend bearbeiten. Das stellte eine ungleich höhere Anforderung dar, die nur einer Partnergruppe aus dem Leistungsmittelfeld erfolgreich gelang. Diese berücksichtigen bei einer erneuten Modellierung sowohl die Ferientage als auch die verminderte Schulstundenanzahl in den unteren Klassenstufen.

5.3.4 DARSTELLUNG AUSGEWÄHLTER VALIDIERUNGEN

> Das ergebnis kann nicht stimmen, da wir ja auch Ferien und Wochenenden haben die nicht mitgerechnet wurden.

(Schüler 1)

> Ich glaube die Überlegungen können nicht stimmen weil wir in der 2 Klasse nicht täglich 6 Stunden hatten. Also ist das Meinung Falsch. ~~Ftatsch~~.

(Schüler 2)

Beiden Schülern gelang die Validierung, weil sie die Plausibilität des realen Ergebnisses oder die Genauigkeit des durch Nennen von richtigen Einwänden begründet anzweifelten:

„Das ergebnis kann nicht stimmen" (Schüler 1)

„die Überlegungen können nicht stimmen" (Schüler 2)

5.4 DIE AUFGABE ZUM MODELLBILDEN MIT WEITERFÜHRUNG DES MODELLIERUNGSPROZESSES: *SCHULWEG*

5.4.1 DARSTELLUNG DER AUFGABE

<u>Schulweg:</u>

Wie viele Kilometer hast du im letzten Jahr auf deinen Wegen zwischen Schule und Zuhause zurückgelegt?

Formuliere eine <u>Vorgehensweise</u>, wie du die gesuchte Größe bestimmen kannst!

Nachdem die Modellbildungen präsentiert und ausgewertet wurden, erhielten die Schüler in der darauf folgenden Mathematikstunde Zeit, um die Modellierung anhand eines gemeinsam ausgewählten Modells weiterzuführen.

5.4.2 LÖSUNG DER AUFGABE ZUM MODELLBILDEN

Die Aufgabe enthält keine lösungsrelevanten Daten und ist daher unterbestimmt. Weil die Schüler zunächst nur ein Modell bilden sollen, indem sie ihre Vorgehensweise zur Ermittlung der gesuchten Größe niederschreiben, müssen keine numerischen Daten angeführt werden. Es genügt, wenn sie sich überlegen, welche Daten lösungsrelevant sind, wie sie sich diese beschaffen können und wie sie verfahren, um die gesuchte Größe zu bestimmen.

Lösungsrelevante Daten sind die Schulweglänge sowie die Häufigkeit des Begehens des Schulweges. Die Schulweglänge kann auf verschiedene Arten ermittelt werden: durch Messen mit Maßbändern, mit einem Tachometer oder mit der eigenen Schrittlänge sowie durch Recherche unter Verwendung eines Routenplaners oder Ähnlichem (vgl. 4.3.2.3).

Wie oft der Schulweg zurückgelegt wird, hängt insbesondere von der Anzahl der Schultage ab und von der Berücksichtigung, dass es einen Hin- und einen Rückweg gibt. Die Anzahl der Schultage kann durch Auszählen unter Zuhilfenahme eines Kalenders erfolgen. Dabei soll es genügen, wenn

Wochenenden, Ferientage und unterrichtsfreie Feiertage berücksichtigt werden.

Aufgrund der fehlenden Daten ist die Formulierung eines mathematischen Modells in dieser Unterrichtsstunde nur möglich, falls die Streckenlänge per Routenplaner oder Ähnlichem ohne Ablaufen der zu messenden Strecke ermittelt wird. Ansonsten kann nur ein Realmodell oder eine Mischform formuliert werden.

Ein *Modell*[76] ohne konkrete Größenangaben könnte also lauten:

Die zurückgelegte Weglänge zwischen Schule und Zuhause pro Jahr ist gleich dem Produkt aus der Schulweglänge und der Häufigkeit des Zurücklegens des Schulweges.

5.4.3 WEITERFÜHRENDER MODELLIERUNGSPROZESS

Hier müssen zunächst alle lösungsrelevanten Größen ermittelt werden, um das mathematische Modell zu bilden. Falls die Schulweglänge über das Messen mit Schrittlängen erfolgt, muss entsprechend in standardisierte Längenmaßeinheiten umgerechnet werden.

Man gehe davon aus, dass die Anzahl der Schritte 500 und die Schrittlänge 70 Zentimeter sei. Da es im Jahr 2006 195 Unterrichtstage gab, stellt die folgende Gleichung ein *mathematisches Modell* zur Berechnung der Gesamtweglänge zwischen Schule und Zuhause in dem genannten Jahr dar:

(500 • 70 cm : 100000) • 2 • 195

Die *Interpretation des mathematischen Resultats* 136,5 km zeigt sich in einem Antwortsatz der Art:

Im letzten Jahr bin ich circa 136,5 km auf den Wegen zwischen meiner Schule und meinem Zuhause gelaufen.

Abschließend sollten wiederum Worte zur Plausibilität des Ergebnisses folgen.

---

[76] Durch den Begriff *Produkt* weist dieses weitgehend reale Modell Anteile eines mathematischen Modells auf.

Leistungs-	Anzahl der Schüler				
niveau	Insgesamt	Ver 1	Ver 2	Ver 3	Stru
oberes	3	3	3	3	3
mittleres	10	10	7	0	2
unteres	9	0	0	0	0
Σ	22[77]	13	10	3	5

Ver 1: Die Schüler erkennen die Schulweglänge als lösungsrelevante Größe.
Ver 2: Die Schüler erkennen die Anzahl der Schultage als lösungsrelevante Größe.
Ver 3: Die Schüler berücksichtigen Hin- und Rückweg.
Stru: Strukturieren (siehe 5.1)

Bei Betrachtung der Tabelle erkennt man sehr deutlich das Leistungs-
gefälle. Während allen drei leistungsstarken Schülern die Modellbildung
gelang, indem sie die wichtigsten lösungsrelevanten Daten benannten und
diese zusammenhängend darstellten, misslang allen übrigen 19 Schülern
eine qualitativ gleichwertige Modellbildung. Immerhin schafften es zwei der
insgesamt zehn Schüler des mittleren Leistungsniveaus, Modelle ohne
Berücksichtigung des Hin- und Rückweges richtig zu formulieren. Alle
Schüler des mittleren Leistungsniveaus erkannten die Lösungsrelevanz
ihrer Schulweglänge, viele auch, dass die Anzahl der Schultage bedeutsam
zum Beantworten der Frage ist. Ich gehe davon aus, dass ohne Bearbeitung der Validierungsaufgabe *Grundschulzeit* andere Ergebnisse zu
verzeichnen gewesen wären, weil dann einige Schüler vielleicht nicht
beachtet hätten, dass die Anzahl der Schultage nicht 365 Tagen entspricht.
Alle nicht leistungsstarken Schüler vergaßen, dass es einen Hin- und
Rückweg gibt.
Erschreckend ist, dass bei keinem Schüler des unteren Leistungsniveaus
irgendein richtiger Ansatz zu verzeichnen war. Ihnen war trotz allgemein-
strategischer Hilfestellungen nicht klar, nach welcher Größe überhaupt
gesucht werden musste. Viele notierten einfach, wie viele Minuten sie in
etwa zur Schule brauchen und meinten die Aufgabe erfüllt zu haben. Selbst
der zusätzliche Hinweis meinerseits, ob denn wirklich nach einer Zeitspanne gefragt sei, sowie die Aufforderung den Begriff *Kilometer* in der
Fragestellung zu beachten, bewirkten nicht den gewünschten Effekt. Nach
Befragen der Schüler in der gemeinsamen Anfangsbesprechung der

---

[77] Es fehlten jeweils ein Schüler aus dem mittleren und dem unteren
Leistungsniveau.

Aufgabenstellung im Klassenverband, konnte ich jedoch davon ausgehen, dass ihnen der Sachzusammenhang klar war, was ich im Nachhinein stark zu bezweifeln wage.

5.4.5 ANALYSE DER IN PARTNERARBEIT ZU ENDE GEFÜHRTEN MODELLIERUNG

Aufgrund vieler Krankheitsfälle und einer zeitgleichen Konfliktlotsen-ausbildung fehlten insgesamt acht Schüler, davon drei aus dem Leistungs-mittelfeld und fünf aus dem unteren Leistungsniveau. Die Schüler ar-beiteten weitgehend in leistungshomogenen Zweiergruppen.

Leistungs-niveau	Gruppe	Math	Int	Val	Plausibles Ergebnis
oberes	1	+	+	+-	-
	2	+	+	-	+
mittleres	3	+	+-	-	-
	4	+	+	-	-
	5	+	+	-	-
unteres	6	+-	-	-	-
	7	-	-	-	-
	8	+-	-	-	-

Math: Mathematisieren / **Int**: Interpretieren/ **Val**: Validieren
+ : erfüllt / + - : teilweise erfüllt / - : nicht erfüllt

Nachdem in der vorherigen Stunde die Modellbildungen präsentiert und ausgewertet wurden, konnten die Schüler bei der weiteren Modellierung auf das gemeinsam bevorzugte Modell zurückgreifen.

Allen Schülern aus dem oberen und mittleren Leistungsniveau gelang weitgehend das Mathematisieren und Interpretieren, dennoch gab es nur ein plausibles Ergebnis einer Zweiergruppe. Die Gründe dafür, dass die anderen zu keinem plausiblen Ergebnis kamen, waren stets Rechenfehler bei der schriftlichen Multiplikation: Entweder waren es Flüchtigkeitsfehler oder eine gänzlich falsche Vorgehensweise bei der Durchführung des Rechenverfahrens. Ich schließe aus dieser Beobachtung, dass Schüler aus dem mittleren Leistungsniveau verstärkt Schwierigkeiten beim Bilden des Modells, insbesondere beim Herstellen des Zusammenhangs der lösungs-relevanten Daten besitzen, bei vorgegebenem Modell aber durchaus ihre

Kompetenzen im Mathematisieren und Interpretieren erfolgreich unter Beweis stellen können.

Der allgemein-strategische Hinweis, die Plausibilität des Ergebnisses zu prüfen, blieb von weitgehend allen Gruppen unberücksichtigt, so dass nur ein einziger Ansatz einer Validierung zu verzeichnen war.

Keiner Partnergruppe aus dem unteren Leistungsniveau gelang die Modellierung, was meinen Eindruck bestätigt, dass sie die Problemsituation und damit auch das zuvor besprochene Modell gar nicht verstanden haben.

5.4.6 Darstellung einer ausgewählten Modellbildung und einer zu Ende geführten Modellierung

(Schüler des oberen Leistungsniveaus)

Dem Schüler gelang die Modellbildung, indem er die wichtigsten Aspekte berücksichtigte: seine Schulweglänge, die Anzahl der Schultage und die Tatsache, dass er Hin- und Rückweg läuft. Auch schaffte er es, den Zusammenhang der lösungsrelevanten Aspekte sinnvoll darzustellen.

Aus Gründen der Aufsichtspflicht durfte er – wie auch die anderen Schüler – seinen Schulweg nicht während des Unterrichts ablaufen, weshalb diese lösungsrelevante Information fehlte. Deshalb ergab für ihn anscheinend auch das Messen seiner Schrittlänge keinen Sinn.

Er verdeutlichte nicht in seinen Ausführungen, wie er, basierend auf der Anzahl der Schritte pro Schulweg und seiner Schrittlänge, die Schulweglänge in standardisierten Längenmaßeinheiten berechnen möchte. Ebenso fehlte eine genauere Beschreibung der Vorgehensweise zur Ermittlung der Anzahl der Schultage.

Auffallend war wiederum die Vermischung von mathematischer Sprache und Alltagssprache wie das folgende Zitat zeigt:

„Dann Mulltipliziere ich die Länge von der Schule aus bis zur Wohnungstür mit den Schultagen."

Die Bildung seines Modells erweist sich als tragfähig, wie der zu Ende geführten Modellierung zu entnehmen ist.

Die Schüler legten die Schritt- und Schulweglänge eines Schülers zugrunde.

Sie mathematisierten die ermittelten Daten (Schrittlänge und Schrittanzahl) korrekt, indem sie diese multiplizierten. Bei der Lösung der Multiplikationsaufgabe unterlief ihnen ein Rechenfehler. Zwar waren auch die anderen beiden Rechenoperationen richtig gewählt, jedoch folgten in jeder Multiplikationsaufgabe weitere Rechenfehler. Auch das Umrechnen von Zentimeter in Kilometer misslang. Durch einen Antwortsatz belegten sie ihre Fähigkeit zum Interpretieren mathematischer Resultate und zeigten durch den abschließenden Satz ihre kritische Reflektionsfähigkeit:

„Wir glauben das die rechnung falsch ist."

Obwohl die beiden Schüler gute Modellierungskompetenzen (Vereinfachen und Strukturieren, Mathematisieren, Interpretieren sowie eingeschränkt Validieren) aufweisen, scheiterte ihre Modellierung aufgrund inner-mathematischer Unzulänglichkeiten.

Im Verlauf der Darlegung der Analyse der Modellierungsprozesse ist deutlich geworden, dass leistungsstarke Schüler die meisten Modellierungskompetenzen mitbringen, wenngleich vereinzelt auch andere Schüler im Modellierungsprozess über sich hinauswachsen und – im wahrsten Sinne des Wortes – begeistert bei der Sache sind.

Leistungsstärkere Schüler profitieren insbesondere bei der Modellbildung von ihrem Repertoire an mathematischen Grundvorstellungen sowie einer ausgeprägten Problemlösefähigkeit. Demgegenüber benötigen Schüler des mittleren Leistungsniveaus verstärkt Hilfestellung, um die reale Problemsituation zu bewältigen. Weil sie dann jedoch weitgehend gleich gute Ergebnisse wie die leistungsstarken Schüler aufweisen (vgl. 5.4.5), deutet dies lediglich auf eine mangelnde Problemlösefähigkeit hin.

Die leistungsschwachen Schüler hingegen scheitern meist aufgrund ihrer ungenügenden mathematischen Grundvorstellungen.

Erstaunlicherweise produzieren alle Schüler beim Durchführen mathematischer Grundverfahren viele Fehler, die insbesondere Anlass zum Wiederholen von anscheinend noch nicht gefestigten mathematischen Basisfertigkeiten geben.

Wie vermutet, stellt neben dem Modellbilden das Validieren für alle Schüler einen besonders schwer zu bewältigenden Teilprozess innerhalb des Modellierens dar, obwohl leistungsstärkere Schüler bei ausschließlicher Fokussierung auf eine Validierung erfolgreich sind.

7 LITERATURVERZEICHNIS

Blum, Werner / Drüke-Noe, Christina / Hartung, Ralph / Köller, Olaf (Hrsg.):
Bildungsstandards Mathematik: konkret, Sekundarstufe 1:
Aufgabenbeispiele, Unterrichtsanregungen, Fortbildungsideen.
Cornelsen Verlag Scriptor, Berlin 2006

Büchter, Andreas / Leuders, Timo: Mathematikaufgaben selbst entwickeln,
Lernen fördern – Leistung überprüfen. Cornelsen Verlag Scriptor,
Berlin 2005

Dobner, Hans-Jochen: Didaktik des mathematischen Modellierens. In:
Sache-Wort-Zahl, März 2004, S.50-54

Drosdowski, Günther / Köster, Rudolf / Müller, Wolfgang / Scholze-
Stubenrecht, Werner (Hrsg.): Duden Etymologie – Herkunftswörterbuch
der deutschen
Sprache. Bibliographisches Institut, Mannheim 1963

dtv – Lexikon Band 12 (Med-Nen). Deutscher Taschenbuchverlag,
München 1992

Greefrath, Gilbert: Modellieren lernen mit offenen realitätsnahen Aufgaben.
Aulis Verlag Deubner, Köln 2007

Lindgren, Astrid: Pippi Langstrumpf. Verlag Friedrich Oetinger Hamburg
1986

Maaß, Katja: Mathematisches Modellieren, Aufgaben für die Sekundarstufe
1. Cornelsen Verlag Scriptor, Berlin 2007

Medwedew, Olesja: Förderung der Modellierungskompetenzen im
Mathematikunterricht – dargestellt am Beispiel der Unterrichtseinheit
„Fermiaufgaben in Beziehung zu Größenbereichen" – in einer 3.Klasse.
Schriftliche Hausarbeit zur Zweiten Staatprüfung, Verden 1.08.2006

Peter-Koop, Andrea: Mathematische Modellbildungsprozesse von
Grundschulkindern im Kontext offener Sachaufgaben. Handout zum
Vortrag von Dr. Peter-Koop an der Humboldt Universität Berlin am
21.05.2007

Senatsverwaltung für Bildung, Jugend und Sport Berlin (Hrsg.):
Rahmenlehrplan Grundschule Mathematik. Wissenschaft und Technik
Verlag, Berlin 2004

Ruwisch, Silke / Peter-Koop, Andrea (Hrgs.): Gute Aufgaben im
    Mathematikunterricht der Grundschule. Mildenberger Verlag, Offenburg
    2003

Winter, Heinrich: Sachrechnen in der Grundschule. Cornelsen-Velhagen &
    Klasing Verlagsgesellschaft, Bielfeld 1985

Winter, Heinrich: Modelle als Konstrukte zwischen lebensweltlichen
    Situationen und arithmetischen Begriffen. In: Grundschule, Jg.1994,
    Heft 3, S.10-13

VERWENDETE INTERNETSEITEN

http://deposit.ddb.de/cgi-bin/dokserv?idn=977903117&dok_var=d1&
dok_ext=pdf&filename=977903117.pdf, 17.07.07, 19.40Uhr

http://pisa.ipn.uni-kiel.de/pisa2006/bildungsstandards.html, 18.07.07,
16.11Uhr

http://schulamt-gross-gerau.bildung.hessen.de/fachberatung/
ISTRONTAGUNG_2006/Hauptvortrag1.pdf, 15.07.07, 19.32Uhr

http://www.ib.hu-berlin.de/~wumsta/infopub/semiothes/lexicon/
default/db8.html, 12.05.07, 14.19Uhr

http:// www.kmk.org/schul/Bildungsstandards/Mathematik_MSA_BS_04-12-
2003.pdf, 18.07.07,15.41Uhr

http://www.math.uni-augsburg.de/prof/dida/lehre/ws0607/
didazahlensystem/Folien/Folien11.pdf, 14.07.07, 13.10Uhr